福建安全生态水系建设

福建省水利厅 编著

中国水利水电出版社
www.waterpub.com.cn
·北京·

图书在版编目（CIP）数据

不止万里：福建安全生态水系建设 / 福建省水利厅
编著. -- 北京：中国水利水电出版社，2023.12
ISBN 978-7-5226-2111-1

Ⅰ. ①不… Ⅱ. ①福… Ⅲ. ①水系－生态环境－环境
管理－安全管理－研究－福建 Ⅳ. ①X143

中国国家版本馆CIP数据核字(2024)第026707号

责任编辑：徐丽娟 栾 峰
营销编辑：李 格

书　　名　不止万里：福建安全生态水系建设
　　　　　BUZHI WAN LI：FUJIAN ANQUAN SHENGTAI SHUIXI JIANSHE
作　　者　福建省水利厅 编著
美术指导　李 睿
插　　画　李建彬　张佳敏　马雪晋　刘小凡
装帧设计　李 威
排　　版　李 威
出版发行　中国水利水电出版社
　　　　　（北京市海淀区玉渊潭南路1号D座 100038）
　　　　　网　址：www.waterpub.com.cn
　　　　　E-mail：sales@mwr.gov.cn
　　　　　电　话：（010）68545888（营销中心）
经　　售　北京科水图书销售有限公司
　　　　　电　话：（010）68545874、63202643
　　　　　全国各地新华书店和相关出版物销售网点
印　　刷　天津联城印刷有限公司
规　　格　250mm×250mm　12开本　7印张　95千字
版　　次　2023年12月第1版　2023年12月第1次印刷
定　　价　88.00元

本书编委会

主　　编：魏剑华　徐丽娟

副主编：张智杰　姚　稀

参　　编：陈布泽　何菁锦　栾　峰　林楚栋　谭菲亚

福建有着丰富的水资源。这里水系密布，河流众多。省内共有流域面积50平方千米以上的河流740条，总长2.63万千米，形成了闽江、汀江、九龙江、木兰溪、晋江和敖江六大水系。

福建虽然水资源丰富，但水患也多。与水患的斗争贯穿了福建数千年的历史。随着经济文化的发展，在传统的治水方法之外，人们也一直在探索新的技术。

2015年以来，福建坚持以生态理念、系统方法，创新打造安全生态水系，从"工程治水"发展到兼顾"生态治水"，从注重安全向既要安全又要生态转变。

与传统治理方式相比，安全生态水系建设的目标是"河畅、水清、岸绿、景美、安全、生态"，主张人水和谐共存，努力做到"八有"，即：有常年流水，有清澈水体，有护岸林带，有野趣乡愁，有安全河岸，有自然河态，有丰富生物，有管护机制。

经过十年不懈努力，福建安全生态水系建设结出累累硕果，全省累计建成安全生态水系6971千米，打造出福州"闽都水城"、泉州"清新水域"、漳州"五湖四海"、莆田"荔林水乡"、南平"水美城市"等一批特色鲜明、百姓获得感强的建设样板。

福建安全生态水系的建设，显著改善了乡村环境，推动了区域发展，切实增强了群众获得感、幸福感和安全感。福建经验正在向全国推广，木兰溪成为全国生态文明建设样本，是全国唯一一个以流域命名的"绿水青山就是金山银山"实践创新基地，并和九龙江西溪先后获评全国"最美家乡河"；宁德霍童溪、三明金溪和厦门筼筜湖入选全国"美丽河湖"优秀案例；漳州九十九湾、三明池湖溪入选全国幸福河湖建设试点。

为了讲好新时代人与自然的故事，让读者朋友们深入浅出地了解福建安全生态水系建设工程，本书以六大水系为线索，分专题介绍了福建水系的基本概况、水利水电工程建设情况、人文风物以及安全生态水系建设的典型案例。

持之以恒，久久为功，薪火相传，生生不息。相信一场场"绿色治水""人水和谐"的生态保护"接力赛"，将继续在八闽乃至神州大地展开。

欢迎读者朋友们批评指正。

CONTENTS 目录

第一单元
《川流不息 千里闽江》

闽江是福建人民的母亲河，发源于闽赣边界的武夷山脉，向东南流入东海，干流全长 562 千米，流域面积 60992 平方千米，是福建省最大的河流。

闽江上游水源主要有三支：北源建溪，中源富屯溪，南源沙溪。三大溪流在南平附近相会后称闽江。闽江干流接纳了众多的大小支流，如尤溪、古田溪和大樟溪等，水系分布如同一棵枝丫繁茂的大树。

闽江自北向南流经 31 个县（市），流域降水丰沛，降水量与黄河流域相近，居全国第七位。闽江流域的水能理论蕴藏量约占全省的 60%，规模较大的水电站有古田溪、水口、沙溪口、池潭等。

闽江流域防洪工程

闽江上游源短流急、暴涨暴落，下游万山环抱、地势低洼。每当春夏之交、上游山洪暴发时，下泄的洪水常对下游造成威胁。据统计，只要闽江全流域内 3 天平均降雨 250 ~ 300 毫米，下游福州就会发生大洪水。

防洪关乎人民生命财产安全。自中华人民共和国成立以来，福建十分重视防洪工作，从开展城区防洪规划到加强防洪工程建设，做了大量工作。

1951 年，福建着手治理闽江下游水患。至 1970 年，福州闽江下游防洪堤工程体系基本完成，后经 1998—1999 年的加固，总长 107.81 千米。2009 年，闽江上游沙溪流域防洪工程动工，建设堤防总长 7.11 千米。2021 年，闽江上游尤溪流域防洪二期工程（尤溪段）竣工，建成堤防 19.38 千米。2022 年，福建省闽江干流防洪提升工程开工，分为福州、三明两段实施，计划新建和提升改造堤防（护岸）145.12 千米。

绿水青山，铸就幸福金溪

金溪是闽江支流富屯溪的最大一级支流，发源于三明市境内武夷山东麓，从西向东流经的建宁、泰宁、将乐三县都是千年古城，历代名人辈出，泰宁曾有"隔河两状元、一门四进士、一巷九举人"之盛况。流域内现有国家非物质文化遗产 2 项，即泰宁梅林戏、将乐竹纸制作工艺。

金溪干支流落差大，水力资源丰富，建有 9 座梯级水电站。三明市政府以金溪流域为重点开展"幸福金溪河"建设，为"两山"理论转化留下生动实践。

依托池潭水库建设的泰宁国家级水利风景区属水库型水利风景区，以水上丹霞、峡谷纵横、洞穴多奇为特色，拥有碧绿幽深的大金湖、深切曲流的上清溪。大金湖拥有世界上发育最完整、种类最齐全、面积最大、海拔最高的丹霞地貌，被誉为"天下第一湖山"和"黄金之湖"。

依托闽江正源及宁溪、合水口电站而建的闽江源省级水利风景区属自然河湖型水利风景区，景区内闽江源文化得天独厚，吸引省内外游客到此"拜水溯源"。

位于福建龙栖山国家级自然保护区实验区内的兰花溪省级水利风景区沿兰花溪流域呈窄带分布。该景区是中国"人与生物圈"保护区网络成员和"全国科普教育基地"，区内自然资源丰富，被誉为"天然植物园""鸟的天堂""珍稀濒危野生动物的基因库"。

三明市牢固树立"绿水青山就是金山银山"的理念，积极发展低碳工业、绿色农业、森林康养产业。2021年，金溪下游河畔的常口村领到了全国第一张林业碳票，生态效益转化为经济效益，形成了以"研学教育""特色农业""林业碳汇"三大板块为支撑的农村产业格局。2021年，三明市水环境质量位列全国33个地级及以上城市第19名，居福建之首。2022年，三明市森林覆盖率为78.88%，林业总产值为1262亿元，是中国最绿省份的最绿城市。

山与水的协奏，竹与茶的共鸣

"一溪贯群山，两岩列仙岫。"在闽江上游的武夷山，有一溪流穿行于峰岩幽谷之中，有三弯九曲之胜，每一曲都有不同景致的山水画意，这就是九曲溪。九曲溪与武夷山共同构成了以"碧水丹山"为特色的典型丹霞地貌景观。

1999年12月，武夷山被联合国教科文组织列入《世界遗产名录》文化与自然双重遗产。2021年10月12日，武夷山国家公园被评为第一批国家公园。武夷山国家公园森林覆盖率高，是重要的水源涵养区。公园内生境类型复杂多样，动植物多样性丰富，是我国南方地区重要的动植物基因库，具有地球同纬度地区保护最好、物种最丰富的生态系统。武夷山还是世界生物圈保护区，在中外生物学领域拥有"鸟的天堂""蛇的王国""昆虫的世界"等称号。

武夷山还是宋代朱子理学的摇篮，为众多理学大儒所长期盘桓、居留，被誉为"道南理窟""闽邦邹鲁"，尤其是理学家、教育家朱熹，在武夷山创建了理学新派系——闽学，成为理学一代宗师。

九曲溪自然禀赋优越，横贯武夷山国家公园，拥有得天独厚的国家公园生态产品资源，包括清新空气、清洁水源、森林碳汇、茶叶和竹产品等。2022年，九曲溪高分当选福建省五星级幸福河流。在保护中发展、在发展中保护，九曲溪流域山更绿、水更清、景更美了。

水美城市，让绿水青山"流金溢彩"

福建省南平市地处闽江之源，是国家级生态示范区和地球同纬度生态环境最好的地区之一。2016年以来，南平在全国首创"水美城市"和"水美经济"概念，谋划实施了12个水美城市项目，实施水生态修复139.98千米，聚焦"一座山、一片叶、一根竹、一瓶水、一只鸡"等生态产业，将流域治理与资源开发利用、产业发展、城市经营、全域旅游、生态保护、乡村振兴、文化传承等结合起来，打造因水而美、因美而富、因富而文明的水美城市，推进全域水美，发展水美经济。

"水美城市"的持续建设，优化了环境，改善了民生，完善了城市公共基础配套设施，实现了土地增值，拓展了城市空间，把涉水景观、民生工程打造成产业融合的载体，着力培育并植入亲水旅游、临水康养、滨水体育等新业态，构筑水美经济新模式。

古田翠屏湖

宁德市古田县翠屏湖位于闽江支流古田溪。1958年，国家在此兴建"一五"计划重点工程、我国第一座地下水电站——古田溪水电站，建成后形成了水域面积37.1平方千米、蓄水量6.41亿立方米的福建第一大人工淡水湖，因湖背靠翠屏山，遂名"翠屏湖"。湖中岛屿隔水相峙，有的绿树成荫，花草扶疏；有的果园如林，茶山铺翠。泛舟其间，如入桃源胜境。绿草苍苍，湖水粼粼，翠屏湖吸引了众多游客前来观赏、游憩。

近年来，古田县结合翠屏湖及流域周边实际，以安全生态水系建设为纽带，把入河排污口整治、畜禽养殖污染整治、农村污水治理、水土流失综合治理及小水电站生态泄流整治等有机结合起来，多措并举守护河湖碧水长流。

2023年7月，翠屏湖景区成功获评国家AAAA级旅游景区，今后将进一步探索智慧湖泊、"临水"文化交流圣地、水美乡村等生态产业链，绿水青山正逐步转化为民生福祉。

福山福水出福茶

福建人对茶情有独钟，民间有"宁可百日无肉，不可一日无茶"的俗语。许多地方，人们都有早晚饮茶的习惯，对茶的依恋几乎到了迷醉的地步。大抵上，闽南人嗜乌龙茶，福州人好花茶，闽北人喝乌龙茶和绿茶，闽东人则饮白茶。因此，八闽形成了富有地方特色的茶文化。

武夷山雨雾缭绕，降水湿度与茶树需水规律相匹配，是乌龙茶和红茶的发源地之一，距今已有 2000 多年历史。北宋著名诗人范仲淹著有《武夷茶歌》来描述名誉天下的武夷茶："年年春自东南来，建溪先暖冰微开。溪边奇茗冠天下，武夷仙人从古栽。"

"茶王"大红袍

武夷山的茶叶最著名的是武夷岩茶和正山小种，而武夷岩茶中最有名的就是"茶王"大红袍。大红袍茶叶外形条索紧结，色泽绿褐鲜润，冲泡后汤色橙黄明亮，叶片红绿相间。品质最突出之处是香气馥郁的兰花香，香高而持久，"岩韵"明显。

武夷山九龙窠景区内有三棵六株大红袍母树，已有 360 多年历史，根据联合国批准的《武夷山世界自然与文化遗产名录》，大红袍母树作为古树名木列入世界自然与文化遗产。

茶旅融合，乡村振兴

　　旅游业和茶产业是武夷山的两大支柱产业。"武夷岩茶第一镇"星村镇茶叶生产历史悠久，有"武夷岩茶基因库"之称。近年来，星村镇加快生态茶园建设，按照"生态重镇""茶叶重镇"和"旅游重镇"的发展战略，主动融入武夷山发展大局，是九曲溪流域绿色生态农业的成功样本。

　　九曲溪流域的好山好水，催生了文旅、农旅、工旅、智旅等新业态，形成了茶文化、茶产业、茶科技"三茶"融合的乡村振兴之路，有力促进了经济发展。2022 年 11 月，武夷岩茶（大红袍）制作技艺入选人类非物质文化遗产代表作名录，至此，武夷山成为中国唯一"三世遗"城市。

福州内河治水史

　　福州简称"榕"，位于闽江下游，城区内河纵横交错，东西南北交织成网，形成白马河、晋安河、磨洋河、光明港、新店片区、南台岛六大水系。

　　福州历史上曾为"东南水都"，内河之上承载着水都的记忆，流淌着海滨邹鲁的书声。作为一座2000多年历史的文化名城，福州自建城以来就与水密不可分，治水护河从未止步。从西晋年间的首任晋安郡守严高引水凿东、西二湖开始，已近1800年。其间，北宋的蔡襄、程师孟，北宋末、南宋初的李纲，清代的林则徐，民国时期的许世英皆属福州治水的风流人物。

　　20世纪90年代初，伴随城市发展，福州患上了内河污染、水体黑臭、易涝难排等城市病，治理内河污染，让其重回水网交错、河道萦绕的如画景色，是市民的热切期盼。

　　2011年，福州市通过截污、清淤、驳岸整修、景观建设等手段，完成32条内河阶段性整治。2017年，福州市启动城区水系综合治理PPP项目，对107条内河进行全面综合整治，还清于水，还绿于岸，还河于民，再现光彩。

搏动的白马河，留住城市之魂

白马河位于福州城区西部，曾是福州的护城河，传说古时闽江上游漂流一尊菩萨至此河内，该菩萨叫"白马王"，故取名白马河。白马河北起西湖，沿途流过福州老城区西部，在台江区西部流入闽江。

白马河历经多次整治提升。早年的综合整治，主要采取拓宽河道、底泥清淤、堤防修筑、河道裁弯取直等物理工程手段，在迅速解决问题的同时，也存在很多弊端。2012 年，福州市白马路（河）沿线综合整治工程建成，保留和强化了两岸"榕荫伴水"特色，将水系整治融入城市休闲系统，结合周边西湖、三坊七巷等公园和历史文化街区，组成了以白马河景观休闲系统为主的和谐共生的人居环境。

历史与现实汇聚在白马河两岸，留下了城市之魂，成了"幸福河湖"最亮丽的名片。

岚城麒麟，海上之湖

平潭岛，又称海坛岛，简称"岚"，位于福州市最东边，是福建省第一大岛，中国第五大岛，全国唯一的"综合实验区 + 自贸试验区 + 国际旅游岛"三区政策叠加区域，多次获评全国"投资潜力百强"县（市），先后荣获"2020 博鳌国际旅游奖精品目的地""体育旅游十佳目的地""中国最美文化生态旅游名区""国际最具潜力旅游目的地"等称号。

平潭岛上三十六脚湖也称"麒麟湖"，位于平潭岛中南部，是古潟湖的自然遗存，也是福建省最大的天然淡水湖泊、平潭岛最重要的水源地。水资源是国民经济的战略性资源。近年来，平潭为保护母亲湖做了大量工作，积累了丰富经验。

平潭岛的"母亲湖"

三十六脚湖三面为丘陵环抱，东面连接滨海小平原七里埔。湖岸蜿蜒曲折，港汉四伸，俯瞰整个湖区恰似多脚的软体动物海星，"三十六脚湖"因此得名。

由于地形限制，三十六脚湖水系极不发育，地表水量十分有限。随着经济的发展和人口的增长，三十六脚湖的淡水资源严重不足。加之平潭灾害性气候频繁，为了生存，岛上人民长期与大自然搏斗，筑堤防潮、植草护埔、引水灌溉，改善生产条件。

1964 年，为改善平潭岛水利条件、提高抗旱能力，充分利用湖水灌溉土地、增加粮食产量，以及解决平潭县城居民及部队生活用水问题，平潭三十六脚湖灌溉工程应运而生，工程包括湖区枢纽和灌区渠系两部分。大自然的天工与工程的巧思在这里得到完美结合，拦水坝至今仍在使用，是宝贵的水利文化遗产。

1975 年 7 月，三十六脚湖北侧六楼岭兴建了自来水厂，将净化处理后的湖水作为县城居民生活及工业用水。直至今日，三十六脚湖一直扮演着平潭岛"母亲湖"的角色，成为孕育海坛儿女的重要水源地。

安全保障，守护水源地

2012年7月，福建省人民政府批复实施福建大水网规划，明确三十六脚湖水库作为"一闸三线"工程平潭主要储水水库。"一闸"就是永泰大樟溪莒口水闸，是工程的主水源；"三线"为闽江竹岐至大樟溪引水线路，大樟溪至福州市区、闽侯、长乐输水线路和大樟溪至福清、平潭输水线路。工程全长约181.58千米，年供水量约8.7亿立方米，惠及平潭综合实验区及福州仓山、长乐、闽侯、福清等地群众580余万人。为进一步满足"一闸三线"项目水源的储水和群众生活用水的供水功能，平潭实施南部自来水厂（二期）工程。通过处理工艺的提升，实现供水水质由"合格水"向"优质水"提升的目标。闽江支流大樟溪的优质水从"一闸三线"永泰段引至平潭三十六脚湖，再进到水厂，通过采用深度综合处理工艺，最后达到接近直饮水的标准。

针对三十六脚湖的水源地安全保障问题，平潭政府实施了截污治污、生态修复、疏浚水道、清理湖区垃圾、建设应急监测措施等一系列举措，取得了显著成效。自2016年起，三十六脚湖水质达标率100%，有效保障了饮用水水质安全。湖区生态环境质量稳定，时常能看见鸟类在湖边休憩停歇，生物多样性越来越丰富。

如今，三十六脚湖水量充沛、水质清澈，沿线风貌焕然一新。2022年，三十六脚湖被认定为福建省第一批河湖文化遗产。

第二单元

〖最美家乡河 木兰溪〗

木兰溪发源于福建中部的戴云山脉，横贯莆田市中部和南部，经木兰陂进入兴化平原，形成纵横交错的城区河网，干流全长 105 千米，流域面积 1732 平方千米。木兰溪流域内共有森林公园 6 处、水利风景区 7 处，其中木兰陂、九鲤湖、九龙谷为国家级水利风景区。2017 年，木兰溪获评全国首批十大"最美家乡河"；2019 年，木兰溪入选全国首批示范河湖。

清清溪水木兰陂，兴修水利利千年

　　木兰溪奔流千年，滋养着莆田大地。今日的莆田沃野千里，茶香果甜，但历史上这里却是蒲草丛生的盐泸之地。千年前，木兰溪受海潮顶托，经常泛滥成灾。人们建陂挡潮、引水灌溉，一代接着一代干，逐步将滩涂改造为良田。

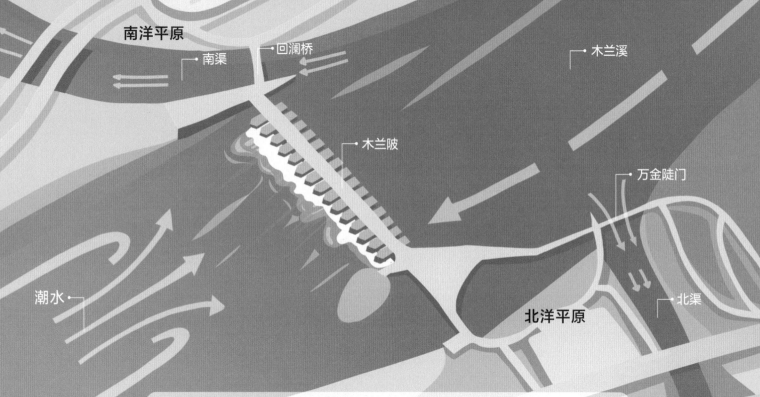

南洋平原

南渠

回澜桥

木兰溪

木兰陂

万金陡门

潮水

北渠

北洋平原

　　从唐代凿塘筑堤、宋代筑陂开圳，到元代水系连通、明清修复完善，莆田先民逐水而居、以水定城、借水兴业。沧海桑田的地理变迁，凝聚着传承千年的治水精神和人水和谐的生态智慧。在这传承千年的治水沿革中，最为人称道的便是始建于北宋时期，至今仍发挥着重要作用的木兰陂。

　　北宋治平元年（1064 年），长乐女子钱四娘路过莆田，目睹了木兰溪两岸洪水滔天、饿殍遍野的凄凉景象，立志要治理水患、引水灌溉南洋。她变卖家产，带领百姓拦溪建陂，可惜不久便被洪水冲垮。此后，长乐人林从世继续筑陂。直到北宋熙宁八年（1075 年），侯官人李宏应诏来到莆田，在僧人冯智日的帮助下，选址木兰山下，尔后奋斗八载，终于建成。

木兰陂是典型的拒咸蓄淡灌溉工程，集挡、蓄、灌、排多功能于一体，造就了兴化平原绵延千年的沃野良田。一代接着一代干、兴修水利利千年的"木兰溪治理精神"也深深烙印在莆田人民心中。

　　2014年9月，木兰陂水利灌溉工程被国际灌溉排水委员会列入首批世界灌溉工程遗产名录。2021年12月，木兰陂水利风景区入选"国家水利风景区高质量发展典型案例"，并作为水利部重点推介的十大标杆景区，亮相"水美中国"首届国家水利风景区高质量发展典型案例发布会。

　　木兰陂工程由陂首枢纽、输水渠系、涵闸三大部分组成。陂首枢纽工程由拦河坝、进水闸和导流堤组成。拦河坝全长219.13米，全部采用大块体花岗岩条石砌筑。进水闸分南、北两座，导流堤分南、北导流堤。渠系工程有大小沟渠数百条，总长400多千米，其中南干渠长约110千米，北干渠长约200千米，沿线建有陂门、涵洞300多处。

　　木兰陂建成后，拒海水于陂下，引溪水灌溉南北洋平原16万多亩农田，让这里成了美丽、富饶的"鱼米之乡"。木兰陂还促进了莆田主要内河航道与外运航道舟运网络的形成，解决了莆田人民生活、劳动、农业、工业、商业、贸易等方面的交通运输困难。《木兰陂水利记》载："陂成，而溪流有所砥柱，海潮有所锁钥。河成而桔橰取不涸之流，舟罟收无穷之利。"

河水位
闸墩
闸板
堰顶
潮水位
上游护坦
下游护坦
淤泥
回填卵砾石
软地基

木兰陂展现了古人治水的决心和智慧，基本驯服了河海交攻、水流漫野之灾，但并没能让莆田人民彻底告别洪水的袭扰。据1952—1990年近40年的资料统计，木兰溪平均每10年发生一次大洪水，每4年发生一次中洪水，小灾几乎年年有。

1999年10月，第14号强台风导致木兰溪再次洪水泛滥，莆田将近6万间房屋倒塌，45万亩农田被淹，数百万人民的生命财产受到威胁。彻底根治木兰溪水患被提上日程。20多年来，莆田人民始终沿着"一张蓝图绘到底、一份规划用到底"的路线，久久为功，持续推进木兰溪治理。

木兰溪下游防洪工程

针对南北洋平原特殊的自然条件，木兰溪下游防洪工程创造性地运用了诸多新思路与新技术："裁弯取直"、改道不改水的科学布局，改土筑堤、混凝土软体排的技术创新。

木兰溪下游三期荔涵段、四期华林、华亭段均已完成竣工验收并投入运行，木兰溪仙游城厢界至入海口干流总长40.5千米，木兰溪下游防洪工程已整治河道35.19千米，至河海分界线治理率达87%。目前正在积极推进木兰溪防洪工程白塘段工程建设，着手开展木兰溪防洪提升工程油潭段、宁海段项目前期工作，该两段河道治理后，河道治理率将达100%。

东圳水库

　　中华人民共和国成立之初，莆田地区经济落后，沿海十年九旱，平原洪涝频发。为满足防洪减灾、供水灌溉等需求，20 世纪 60 年代，莆田人民靠着手扛肩挑，历时 22 个月，建成东圳水库。东圳水库控制流域面积 321 平方千米，总库容 4.35 亿立方米，是以灌溉为主，结合防洪、发电、供水和养殖的大型综合利用水库，既为莆田沿海耕地提供了灌溉用水，保障了农业生产发展，又有效减轻了下游 30 多万群众、20 多万亩良田所受的洪涝灾害。

　　东圳水库是现代水利工程的杰作，也是莆田人民的"大水缸"和生命线。艰苦奋斗、无私奉献的"东圳精神"，也是对古代"木兰精神"的继承与弘扬。如今，莆田东圳水库水利风景区已入选全国红色基因水利风景区名录。

河海统筹、陆海共治

　　20 世纪 80 年代，木兰溪河口地区生态良好，分布有大面积的红树林。随着工业化进程，河口生态环境受到严重破坏，面临着湿地植被和鸟类栖息地萎缩、河口生态系统退化等诸多问题。为保护和修复木兰溪河口，2019 年，莆田市蓝色海湾整治行动——木兰溪河口湿地生态修复项目应运而生。

　　2022 年，项目完工，滩涂上的红树林连绵成片、郁郁葱葱；林下弹涂鱼或在水中畅游，或在滩涂跳舞；黑脸琵鹭在红树林中嬉戏觅食，自由惬意……一派生机盎然的景象。

　　木兰溪河口湿地生态修复是生态文明建设的重要举措，是人与自然和谐共生之路的探索，更是在发展中保护、在保护中发展，共建人鸟和谐美丽家园的缩影。

进士佳话久留芳

木兰陂建成后，兴化平原的万千百姓终于有条件去追求渔樵耕读的生活，也逐步奠定了"海滨邹鲁""文献名邦"的物质基础。据史料记载，历史上，莆田出了2482名进士、21名状元、17名宰辅，宋代每42名进士中就有1名来自莆田。

科举文化是莆田传统文化非常重要的一部分，也存在于每个莆田人血脉流淌的文化基因中。历史上唯一一次同年文、武两状元均为同一个地方举子，发生在北宋熙宁九年（1076年），福建路兴化军的徐铎和薛奕分别高中文状元和武状元，宋神宗得知大魁天下的文、武状元乃是同乡时，不由龙颜大悦，特作诗以赐，诗曰："一方文武魁天下，四海英雄入彀中。"

妈祖信俗

妈祖，原名林默，北宋时莆田湄洲岛人，出生于沿海都巡检之家，水性好，能驾船、挽缆，巡游于岛屿之间，常于风浪里救助遇险船舶。后因救助渔民而不幸遇难，年仅28岁。

妈祖，作为中国最具影响力的航海保护神，是妈祖信俗文化的核心。妈祖信俗是源于人们对妈祖的景仰而逐渐形成的一种特有的民间信仰习俗，以崇奉和颂扬妈祖的立德、行善、大爱精神为核心，以妈祖宫庙为主要活动场所，以庙会、习俗和传说等为表现形式。

截至2024年3月，湄洲妈祖分布全球50个国家及地区，全球妈祖宫庙上万座，信众近3亿人。2009年9月30日，妈祖信俗被联合国教科文组织正式列入人类非物质文化遗产，成为中国首个信俗类世界遗产。

润养水土多名人

重教兴学的文化使得莆田历代人才辈出。福建第一"女诗人"梅妃，"福建水利第一人"吴兴，"闽中文章初祖"黄滔，以"锦绣堆"名动唐末诗坛的徐寅，北宋"四大书法家之一"蔡襄，"东南巨儒"林光朝，历史学家郑樵，南宋伟大的爱国诗人刘克庄，明代优秀的绘画家李在、曾鲸、吴彬、宋珏，清朝"隶书第一人"郑簠，位列清朝"十大书法家"的翁方纲、郭尚先等莆田先贤，以他们的才华与品格，为莆田增添了无限的光辉。

农耕遗产 —— 绿心圩田

在广袤的兴化平原上，河网纵横、田畴相望、鸡犬相闻，农耕文明的印迹被完整地保留下来。脱胎于蒲草丛生的盐沼地，居住在此的莆田先民开沟起垄、修堤营田、筑陂建塘、引水灌溉，历经千年经营，形成了以水利工程为骨架、水网为脉络、圩田为斑块、塘汊为节点、"荔林圩田"为特色的洋田地貌景观，构建了"圳、村、田、塘"的生态景观格局，以及兼具水利滞洪、湿地净化、农业生产功能为一体的湿地农业系统。凭借大面积圩田，莆田在清代已成为名副其实的"八闽粮仓"。

如今，莆田人民在圩田的基础上，形成了田内种粮—田埂植荔—林间养蜂—林下饲养家禽—水中养鱼养虾—淤泥肥田的荔基圩田生产系统。这种可持续的生态农业模式，不仅发挥着良好的生态与经济效益，还具有防洪、滞涝的重要作用，充分展现了人水和谐的生态智慧和"绿水青山就是金山银山"的生态理念。

莆田贡茶

莆田自古就有种茶、事茶的传统，莆田仙游茶一度深受文人墨客和官宦贵胄的青睐。据清朝乾隆年间的《仙游县志》记载，莆茶种植始于隋代，唐代已成片种植。

南宋史学家郑樵《采茶行》诗中有云："安得龟蒙地百尺，前种武夷后郑宅。逢春吸露枝润泽，大招二陆栖魂魄。"唐、宋期间，莆田仙游的郑宅茶就已经声名鹊起，并被列入各级官员奉茶名录中。据《福建农业大全》记载，在明清时期，"郑宅茶"被列为福建七大名茶之一。

莆田四大名果

莆田独特的地理、气候资源极其适宜亚热带珍贵果树生长，其中，龙眼（桂圆）、枇杷、荔枝、文旦柚是莆田四大名果，莆田的龙眼更有"兴化桂元甲天下"之美誉。

莆田栽种荔枝始于唐代，北宋时，蔡襄致力于荔枝栽种推广，并在《荔枝谱》中称兴化荔最为奇特。莆田有世界上树龄最长的荔枝——宋家香，已经有 1200 多岁了。郭沫若先生 20 世纪 60 年代初在莆田考察时，曾题下"荔城无处不荔枝"的诗句，盛赞莆田荔枝。

莆田龙眼栽培历史悠久，始于隋唐，宋明尤盛。兴化平原日照充足，雨量适中，日夜温差大，所以莆田龙眼风味较其他产地香甜。莆田全市共培育 80 多个优良品种，为全国最多。

莆田还被誉为"中国枇杷之乡"，枇杷主产区位于木兰溪支流延寿溪上游流域。莆田于宋代开始栽种枇杷，宋代文学家赵彦励编选的《莆田县志》载："枇杷夏初成熟，色黄味酸。"

度尾文旦柚是莆田市仙游县度尾镇特有的名贵佳果，曾在清代被列为贡品。度尾文旦柚果实品质优良，气味芬香，风味独特，2010 年被中国国家质检总局正式批准实施地理标志产品保护，2022 年入选第一批全国名特优新农产品名录。

第三单元

《"鱼米花果之乡"九龙江》

九龙江是福建省第二大河，发源于闽西红土地，奔腾于闽南金三角，由北溪、西溪、南溪三大支流汇入，流经龙岩、漳州、厦门等13个市（县），经厦门港注入东海。九龙江干流长285千米，支流总长1638千米，流域面积1.47万平方千米。

关于九龙江的得名，闽南地区流传着"九龙戏水"的故事。据《漳州府志》和《龙溪县志》记载，梁大同六年，有"九龙昼戏于此"，故曰"九龙江"。

古往今来，九龙江两岸人民改造自然、辛勤劳动，经过千年开发、治理与保护，生成了肥沃的漳州平原，孕育了灿烂的闽南文化。

在农业文明时期，人们向海要粮、向山要地，使九龙江流域成为闽南谷仓、"鱼米花果之乡"和海上丝绸之路的重要港口。

中华人民共和国成立后，通过九龙江水资源开发利用，厦门岛告别了缺水的历史，九龙江成为厦门和漳州两座城市人民的生命线，团结协作、无私奉献的"龙江颂"传唱全国。

进入新时代，九龙江流域持续推进水环境综合整治工作。

漳州，闽南水乡旧貌换新颜，水绕城、城襟水的独特水城格局成为城市文化的重要特色。

厦门，曾经的"排污湖"变身为"城市会客厅"，白鹭翩飞、水清岸绿的筼筜湖成为这座高颜值生态花园城市的"新名片"和"门面担当"。

五湖四海，花样漳州

漳州于唐垂拱二年（686 年）建州，自古就是闽、粤、赣三省的交通要冲，亦是海上丝绸之路的重要组成部分。明代中后期，漳州的月港从民间私港一跃成为兴盛的国际贸易港口。九龙江流域的杉松木、蜜饯、茶叶、丝绸、瓷器、天鹅绒等特产随水路运至月港，再源源不断输往海外。

漳州市是国务院 1986 年公布的历史文化名城，文化底蕴深厚，自然环境优美。全市共有革命史迹和名胜古迹 280 多处，其中国家级重点文物保护单位 11 处，南靖、华安土楼群被列入世界文化遗产名录，九龙江西溪入选全国第二批"最美家乡河"。

依托丰富的山水资源、水利工程以及水文化，漳州共有华安县九龙江、南靖县土楼水乡和漳州开发区南太武新港城 3 处国家级水利风景区，以及漳州市平和县林语花溪、华安县新圩、龙海区龙江颂歌等 9 处省级水利风景区。

漳州生态条件优越，九龙江河口分布有省级自然保护区、国家特殊保护林带。河口的沿海基干林带划定为国家特殊保护林带，是沿海防护林体系的核心，是沿海地区防灾减灾的重要生态屏障。

九龙江流域四季花香，物产丰富。位于九龙江下游的漳州平原，地势平坦，河网密布，土地肥沃，农耕条件优越，历来是福建粮食、甘蔗、水果、水产、花卉、蘑菇、芦笋的主产区，是全国有名的水果之乡、花卉之都、水产基地，每年都举办海峡两岸农博会·花博会。

　　漳州通过"生态＋"发展模式，实现了生态与防洪减灾、海绵城市建设、产业发展等的有机融合，逐步形成了九龙江西溪流域"五湖四海"生态圈。"五湖"即碧湖、西湖、西院湖、九十九湾湖、南湖，"四海"即荔枝海、香蕉海、水仙花海、四季花海。好生态带来了好业态，九十九湾沿河因势而建的内林古街、上美湖、闽南水乡、湘桥湖等，串联成一条经济景观带。曾经默默无闻的天宝镇珠里村，因"五湖四海"建设成为"明星村"，村民在家门口就可以卖香蕉、开餐馆、搞旅游。由"生态＋"引发的幸福蝶变正在漳州不断上演，流淌的绿色福利让百姓的幸福指数持续提升，漳州这座历史文化名城正焕发出新的活力与魅力！

龙江精神感动神州

中华人民共和国成立之初，福建东南沿海地区遭遇多次旱灾，九龙江水位急剧下降，灌溉渠道无法进水，农业生产面临严峻危机。1963年2月15日，原龙海县组织2万名青壮劳力奋战7个昼夜，在九龙江西溪榜山公社洋西段筑起一条长1千米的截流堤坝，引九龙江水灌溉7个平原公社的10万亩受旱水田。这一风格被誉称"龙江风格"，传扬全国。龙江风格也就是龙江精神，是一种团结协作、无私奉献的精神，一种顾全大局、舍己为人的精神。龙江风格是时代精神的典范，更是漳州人民宝贵的精神财富。2016年，龙江颂歌水库正式获批省级水利风景区，并于2022年列入红色基因水利风景区名录。

从"一江两库"到"两江四库"

地处九龙江外海的厦门岛，自古以来严重缺乏淡水资源。1977年9月，福建省最大的引水工程——九龙江北溪引水工程动工，至1980年完成。该工程从九龙江北溪引水，建设了北溪桥闸及配套渠道，结束了厦门岛缺水的历史。2012年4月，厦门市第二水源长泰枋洋水利枢纽工程正式开工，从九龙江支流龙津溪引水，2022年1月完工，解决了厦门岛水源单一问题。至此，厦门市供水格局实现从"一江两库"到"两江四库"的转变，城市供水安全得到了保障。

2013年江东水利风景区获评省级水利风景区。该景区依托北溪引水工程，将水利工程风貌、自然山水要素、治水历史沿革等充分融合，水生态景观和历史人文景观内涵丰富，具有强烈时代文化气息。

闽南水乡展新颜：九十九湾综合治理

九十九湾是漳州市最大的内河，自古便是城郊水路交通运输的要道，也是居民饮水和农业灌溉用水的来源。历史上，这里既有航运与商贾繁华，也有深厚的人文积淀，是著名的闽南水乡。后来，在城市化进程中，由于长期失管、畜禽无序养殖、村庄污水乱排等原因，九十九湾一度成为农村垃圾池、城市黑水沟。

2014年开始，漳州市龙文区启动了九十九湾整治工程，重点实施清淤护岸、河道拓通、道路提升、景观改造、内河引水、污染源治理等六大治理项目。2016年1月，闽南水乡项目启动，对九十九湾进行治水、清淤、造景，塑造滨水休闲游憩空间。2021年，九十九湾闽南水乡被评为省级旅游休闲街区。

为深入践行习近平生态文明思想，提升河湖管护能力，助力流域经济发展，2022年6月，漳州市龙文区立足九十九湾的特点，发挥区位好、生态优、范围广、支撑强、基础实的五大优势，策划生成幸福河湖项目，通过竞争立项被列入全国首批7个幸福河湖建设试点，全面实施"幸福河湖"工程，初步打造形成"人水生态和谐、人水产城融合、人水共治和美"的幸福河湖场景，提升了人民群众的幸福感、获得感。该项目于2023年10月25日通过水利部复核评估。

悠悠筼筜，幸福蝶变

"万顷筼筜水接天，夜来渔火出云烟。"筼筜湖原为厦门岛天然的古海湾，是一个天然避风坞，是厦门通往海内外的港口要道。入夜之际，勤勉的渔民挂灯捕鱼，港中捕鱼的小船数以百计。远看港内万点渔火，如星辰闪烁，若隐若现，勾勒出一幅星海相映的"筼筜渔火"画面。

20世纪70年代，按照"备战、备荒"要求，厦门市决定修筑筼筜海堤，在堤内围垦造田。修筑的筼筜海堤俗称西堤，长1700米、顶宽12米，筼筜港从此蜕变为筼筜湖。

随着厦门城市人口与规模高速扩张，湖区周边城市污水排放量激增，筼筜湖生态环境严重恶化，赤潮频现、鱼虾绝迹、白鹭离去、红树林消亡，"筼筜渔火"不复存在，筼筜湖成了让人望而生畏的"排污湖"。

30多年来，厦门市按照"源头控制、中间减排、末端治理"的思路，以空前力度完成筼筜湖四期综合治理。治理后，筼筜湖完成了第二次蜕变，从昔日的排污臭水湖，化身为今日水清岸绿、湖光旖旎的"城市绿肺"和"城市会客厅"。

2017年，金砖国家领导人厦门会晤期间，筼筜湖公园中的筼筜书院作为中俄双边会晤场地，以其古韵风雅的建筑与装饰，赢得了各方赞誉。

筼筜湖治理后，湖区水质显著改善，生物多样性不断丰富。近年来，筼筜湖区共发现浮游动物63种、浮游植物123种、底栖生物14种，还有粗皮鲀、中华鲎等珍稀保护动物。

如今的筼筜湖已成为城市繁华中心的湿地公园和观鸟打卡地，是市民、游客休闲的亲水场所。悠悠筼筜湖还激活了两岸城市腹地，吸引了产业入驻，带动了周边发展，已然成为厦门市标志性的行政、金融、商贸、旅游、居住中心。

筼筜湖属于城市蓄滞洪区、城市绿心。筼筜湖治理后，雨水能充分下渗、滞留、存蓄，实现有效利用，缓解城市内涝，是厦门市海绵城市建设体系中的重要一环。

第四单元

《绿色蜕变 富饶汀江》

汀江发源于武夷山南段木马山北坡，跨福建、广东两省，是闽西最大的河流，全长 328 千米，流域面积 11802 平方千米，在福建省内主要流经龙岩市的长汀、武平、上杭、永定等县（区）。

汀江流程短促，河道坡降大，滩多且险。上游以砂砾为主，中游以卵石居多，下游均为岩层礁石。沿河多为高峰深谷，在宽谷部形成山间盆地。汀江流域降雨充沛，水位暴涨暴落，汛期长，流量大。

长汀：从"火焰山"到"花果山"

汀江流域拥有众多自然、人文旅游资源和革命史迹，有"桂林山水甲天下，石门山水似桂林"之称的连城冠豸山，有堪称世界奇观的永定土楼，有古田会议旧址、长汀革命旧址、文昌阁等革命纪念地……

然而，长汀曾是我国水土流失最严重的地区之一。据1985年遥感普查，长汀县水土流失面积达146.2万亩，占全县土地面积的31.5%。水土流失最严重的地区，山光岭秃，草木不存，夏天阳光直射下，地表温度可达70多摄氏度，被称为"火焰山"。同时，水土流失还导致易涝易旱，灾害频繁。1996年7—8月，长汀遭遇百年一遇洪灾，目之所及，山崩河溃，一片泽国。

中华人民共和国成立后，福建各级党委政府和长汀人民对"穷山恶水"的改造从未停止过。几十年来，长汀县发扬"滴水穿石，人一我十"精神，接续奋斗不断推进治理，探索出"党委领导、政府主导、群众主体、社会参与、多策并举、以人为本、持之以恒"的28字水土流失治理"长汀经验"。

山地植被恢复了，森林生态好了，崩岗区变成了层层梯田，村旁、宅旁、水旁、路旁出现了"四地绿化"，还探索出了"草－牧－沼－果"种养结合型生态循环农业模式。

长汀县把改善生态与改善民生相结合、治理水土流失与发展经济相结合、治理荒山与发展特色产业相结合，通过水土流失治理，实现了"长汀安""百姓富"和"生态美"的有机统一，完成了从"火焰山"到"花果山"的蝶变。2021年，长汀水土流失综合治理与生态修复实践入选联合国《生物多样性公约》生态修复优秀案例。

汀江干流安全生态水系

　　汀江干流安全生态水系项目起于新桥镇天后宫桥，穿过大同镇、汀州镇，终于大同镇新庄铁路桥。针对原河段存在的河道渠化严重、连通性差、亲水设施不足、城区下游段水质差等问题，建设了滚水坝鱼道改造、古陂保护及水文化宣传、生态缓冲带、生态低水驳岸等，共治理河长 23.07 千米。

　　上游乡村河段为生态保护区，以生态保护为主，减少人为扰动，保护和恢复生态多样性；中游城区河段为生态亲水工程区，以生态亲水工程为主，兼顾当地历史文化特色；城区下游河段为生态修复区，以湿地生态修复为主，兼顾周边群众和游客的亲水需求。

　　长汀县汀江干流安全生态水系建成后，将生态保护与生态旅游有机结合，新修的河道、护岸、绿地，与原有的古树、廊桥融为一体，恰似一幅生意盎然的田园山水图画，为汀江两岸"十里画廊"增添了新的休闲景观，实现人与自然和谐共处。

上杭县江滨水利风景区

上杭县城区的江滨水利风景区以汀江为主体，用沿江两岸绿道、水利工程、江滨公园、古城墙为骨架，将生态安全的工程景观、绿水相融的自然景观、内涵丰富的人文景观有机串联而成的城市河湖型水利风景区。2019年年底，江滨水利风景区获评省级水利风景区，2023年晋级国家级水利风景区。

江滨水利风景区实现了水绕城、水美城、水养城、水兴城，其建设对于延伸生态文脉、提升城市品味、改善市民生活环境、带动文旅康养产业发展、推动产业转型升级等，有着十分重大的意义。

汀江国家湿地公园

汀江国家湿地公园是福建省首个以河流湿地为主体的湿地公园，位于长汀县中南部，2022年获批国家4A级旅游景区。公园以客家母亲河——汀江的保护为主题，同时也是对外展示几十年来水土流失治理成果和杨梅之乡的重要基地，是集河流湿地保护与恢复、生态文明教育、科研监测、休闲体验于一体的国家湿地公园。昔日水土流失重灾区，现已成为风光秀丽、流水潺潺、林果连片、鸟语花香的生态旅游胜地。

长汀红色旧址群

长汀是全国著名革命老区、原中央苏区、红军长征出发地之一，素有"红色小上海"美誉，被称为"红军故乡、红色土地和红旗不倒的地方"。波澜壮阔的革命历史赐予了长汀许多彪炳史册的第一笔，拥有福建省苏维埃政府旧址、辛耕别墅、福音医院旧址、瞿秋白纪念园、红军长征第一村等全国红色旅游经典景区（点）。

红色遗址的生态保护

长汀聚焦红色旧址周边生态环境问题，成功申报国家生态文明试验区补助资金用于实施红军长征出发地生态保护修复项目。该项目包含生态保护与修复、人居环境整治、河道水环境整治、生态产品价值转换与提升等四大类整治工程共 8 个项目，即长汀县革命旧址群保护范围内环境整治及绿化提升、长征出发地及松毛岭战斗遗址生态保护提升、长征及红色线路步道（长汀段）提升、长汀"红旗跃过汀江"渡口旧址、何叔衡纪念园、杨成武故居生态融合发展建设、智慧环卫和智慧综合巡查一体化等项目。

　　以绿护红、以红艳绿，综合整治项目的实施，解决了长汀红军长征出发地沿线的环境问题，环境质量显著提升，实现了生态保护修复与区域经济发展和谐共赢，进一步提升了老区苏区人民的幸福感、获得感。

一河一江皆是景，美丽河湖入画来。汀江流域历史悠久，旧石器时代已有人类活动遗迹，至隋唐之时，先后有畲族和汉族群体聚居。南宋，汀江航道开通，此后，航道治理持续了八九百年，航运条件的完善，促进了流域经济和社会发展。中华人民共和国成立后，经过长期的治理和严格的保护，如今的汀江凭借着历史文化、客家文化、红色文化、生态文化的集中融合，吸引着众多游客慕名前往，成为龙岩一张亮丽的旅游名片。

客家人的母亲河：汀江与客家文化

客家这一称谓源于东晋南北朝时期的给客制度及唐宋时期的客户制度，因外迁来人编入客籍，故称"客家人"。客家人在汀江流域繁衍、生活，有着悠久的历史。客家文化因汀江而灿烂，长汀也因客家人而多姿多彩。

客家文化是以中原汉文化为主体的移民文化，不仅具有中原文化的深厚底蕴，还具有作为移民这一特殊群体所特有的文化面貌。客家文化有十分强烈的寻根意识和乡土意识，迁徙路上的种种困境，又锤炼出客家人坚韧不拔的意志、勇于开拓的精神、勤劳朴实的品格。在现代化的浪潮中，客家文化更远播海外，形成了以共同文化为纽带的广阔坚韧的认同，为中华文明走向世界做出了杰出贡献。

聚集而居：客家人的土楼建筑

客家民居在建筑史上写下了浓墨重彩的一笔。举世闻名的土楼正是其杰出代表。土楼是一种适宜大家族居住的两层以上的房屋，具有很强的防御性能。以土、木、石、竹为主要建筑材料，利用未经焙烧的土，并按一定比例的沙质黏土和黏质沙土拌和，用夹墙板夯筑而成。

土楼的诞生，有着特殊的历史背景。自唐宋以来，客家人来到重峦叠嶂、交通闭塞的山地地带并扎根于此。面对复杂的生存环境，为了让家族在此长期稳定地生存下去，客家人沿袭中原的夯土建筑形式，结合当地的特殊地理环境，建造了兼具居住与防御功能的土楼。

土楼中，尤以位于龙岩市的永定土楼为杰出代表。千姿百态、历史悠久、风格独特、规模宏大、结构精巧、种类繁多，永定土楼堪称中国古建筑的一朵奇葩。2008年7月7日，以永定客家土楼为主体的福建土楼被成功列入《世界遗产名录》。

自成一体：不可错过的客家美食

　　客家菜有"无鸡不清，无肉不鲜，无鸭不香，无肘不浓"的说法。由于历史上交通环境较为封闭，从而使客家菜在较长的时间里自成一派，菜肴特色得以保留和延续至今。

　　长汀的客家美食种类繁多，制作技艺精湛，独具地方特色。三角豆腐饺、擂茶、白斩河田鸡、荔枝肉、长汀豆腐干……"长汀客家菜"经过1000多年的传承、开发、组合、提炼、升华，独成一系，它南继北融、东西合璧、荟萃四方、兼收并蓄。"食在汀州"的美誉远播世界。2010年12月5日，"长汀客家菜"被列入龙岩市第四批市级非物质文化遗产代表性项目名录。

第五单元

《"海上丝绸之路"始晋江》

晋江发源于福建省中部的戴云山东麓，干流上游俗称西溪，在南安双溪口汇入大支流东溪后，始称晋江，最后在丰泽区注入东海，全长182千米，流域面积5629平方千米，沿程流经永春、安溪、南安、晋江、鲤城、丰泽等县（市）。

桃溪是晋江东溪的源头，为永春县第一大水系，不仅是泉州市山美水库的重要水源地和生态屏障，还肩负着为600万泉州人民输送一泓清水的重任。

桃溪主河道长 61.75 千米，流域面积 476 平方千米，主要支流有吾江溪、霞陵溪、济川溪等。桃溪是泉州清新流域建设的典型代表，其保护与综合整治，不仅关系到永春县人民的生产生活，更关系到整个泉州市的饮用水安全。经过多年努力，桃溪流域呈现出"一汪清水舞白鹤，两岸风光映桃源"的清新水美画卷，不仅为下游送去一湾清水，还为下游地区构建了一个良好的生态安全屏障。

活水绕古村，南星换新颜

永春县桃城镇的南星溪是桃溪的支流。随着社会发展，南星溪的环境一度恶化，中游被农田所截，几乎断流；下游生活、建筑垃圾随处可见，畜禽养殖污水与生活污水直排入溪，溪流不仅臭味熏天，而且常常堵塞。

2017 年以来，桃城镇利用全面治水的有利时机，开展南星溪清新流域建设，以"清新福建、幸福河湖、生态永春、水美南星"为目标，着力打造活水绕村、富有野趣、富美乡村的流域环境生态样板，助力乡村振兴。南星溪试点项目于 2017 年开工，2019 年完工，治理河长 4 千米，是泉州市清新流域建设的样板项目之一。

整治后的南星溪，两岸的旱厕和猪圈拆除了，溪水变干净了，村庄也更美了，每逢节假日还有不少游客来游玩。南星溪的变化，只是泉州市安全生态水系建设的一个缩影。

吾江水潺潺，石鼓瓜果香

吾江溪是永春县石鼓镇的主要河流，上承汇入桃溪 7 个乡镇的支流，下接城区主河道，是保障桃溪流域防洪安全、水体质量等的关键一环。

吾江溪安全生态水系项目主要通过堤岸建设、河道治理、生态修复等一系列措施，建立生态廊道，丰富河道生物多样性，维护河流水生态环境健康，形成生态系统良性循环，实现河道生态功能修复。该项目于 2020 年 6 月开工，2021 年 9 月完工验收，治理河长 8 千米。

此外，吾江村以"海丝古道，康养吾江"为主题，在吾江溪周围种植有机果蔬和麻竹，将美化河道沿岸同绿色产业发展完美结合起来；以"绿野吾江"为主题，创办"特色蔬菜主题公园"，将生态保护与经济发展有机融合。

通过治理，吾江溪水清了、岸绿了、景美了，变成村里一道靓丽的风景线。吾江溪治理走出了一条保生态、促增收的精准扶贫之路。

奇石戏绿水，人文古韵长

霞陵溪也是桃溪的主要支流，流经吾峰、五里街和石鼓镇，于西安桥下汇入桃溪。

霞陵溪清新流域治理项目是泉州市清新流域建设样板工程之一，2019年开工，2020年完工，治理河长14.3千米。通过山洪沟防洪治理、安全生态水系建设、水土流失治理、河道综合整治等一系列项目，为群众打造了一条"幸福生态文化的河"。

通过治理，原本粪污横流的霞陵溪，如今清澈透底，鱼虾自在畅游，白鹭蹁跹起舞……霞陵溪实现了从污臭熏天到花香满园，从垃圾成山到如画公园的完美蜕变。

泉州拦河生命闸——金鸡闸

南安丰州的九日山下，流传着金鸡斗黄龙的美丽传说。相传很久以前，有一条独角大黄龙在此地兴风作浪，导致晋江下游经常泛滥成灾，两岸人民不得安宁。后来，在一只金鸡的帮助下，两岸人民建了一座大桥，并最终降伏了黄龙。从此，此地风调雨顺，人民重获安宁。为纪念金鸡的功绩，人们便把这座桥叫作金鸡桥。

千百年来，金鸡桥桥身几经修建，后被一次特大洪水冲走。如今，人们看到的雄伟的金鸡拦河桥闸，是中华人民共和国成立以后新建的。随着晋江下游区域国民经济的快速增长，金鸡拦河闸的功能由以灌溉为主，结合防洪转变为以灌溉为主，兼顾供水、防洪。金鸡拦河闸建闸为泉州社会经济的持续健康发展提供了不可替代的水资源支撑和保障，取得了巨大的工程效益和社会效益，被称为泉州人民的"生命闸"。

惠女水库水利风景区

泉州市洛江区马甲镇与南安市洪梅镇交界处，仙公山脚下，有一汪碧水，那便是惠女水库。

1958年，为解决周边县（区）干旱问题，当地决定兴建一座集防洪、供水、灌溉、发电等综合功能于一体的大型水库。彼时，当地男性外出讨生活，留在家中的妇女成了修建水库的"主力军"。1万多名惠安女离家别乡，扛着锄头、带着番薯干，来到邻县几十千米之外的山下，经受凛冽寒风、灼热酷暑，只用了19个月时间，就用红黏土筑起了一座坝高52.5米、坝顶长350米、坝宽9米的大型水利工程。1959年，为表彰惠安妇女建设水库的辉煌功绩，水库正式命名为"惠女水库"。惠女水库如"惠女精神"的"化身"，凝结着奋斗、拼搏、奉献等精神的力量。

2012 年 12 月，惠女水库水利风景区经福建省水利厅批复为省级水利风景区。景区拥有得天独厚的水库大坝风光，景观配置齐全，更是以"惠女精神"为载体的教育基地，传承着"惠女精神"红色基因。2022 年 12 月，惠女水库水利风景区入选水利部红色基因水利风景区名录。

永春桃溪水利风景区

古时，永春县桃溪是"海上丝绸之路"的起点。近年来，永春县统筹多方力量实施大、小支流全面治理，在桃溪打造了南星清新流域、石鼓安全生态水系、霞陵溪治水示范段等省、市流域治理样板。依托全面推行河长制，强化管护效能，实现了水清、堤固、园靓、路畅、岸绿、景美的目标，呈现出余光中笔下"一湾清水舞白鹤，两岸风光映桃源"的清新水美画卷。

永春桃溪水利风景区是国家级水利风景区，近年来积极探索"水利＋"发展模式，结合地域特色，建设永春水生态文明馆、余光中乡愁文学馆，编制河长制"一台戏"，打造了集文化体验、观光旅游、休闲康养、科普教育等于一体的城市生态文化景观水脉，成为当地的城市"水名片"。2023 年 1 月，永春桃溪入选第二批国家水利风景区高质量发展典型案例。

大航海时代的"东方第一大港"

　　泉州是一座拥有深厚历史底蕴和文化内涵的城市，漫长的历史发展给泉州留下了丰富的文化遗产，其中最大的特色，是其深深的海洋印记。泉州是古代中国对外贸易的重要港口，是联合国教科文组织确认的海上丝绸之路起点之一。

　　在海上丝绸之路 2000 余年的发展历程中，泉州一直扮演着极其重要的角色，尤其是在海外贸易繁荣的宋元时期，泉州港与 100 多个国家有着通商往来，作为"东方第一大港"，在世界舞台上熠熠生辉。从泉州港出发的中国商船，满载瓷器、丝绸、茶叶等大宗商品，运送到各国，再从各国运回香料、药物等商品。

　　如今，这个古老的港口依旧保持着傲人的吞吐量。从古代海上丝绸之路的起点，到 21 世纪海上丝绸之路的互连互通型城市，泉州顺应时代发展契机，正重振大港雄风。

"海丝"上的茶叶贸易

提到古代海上丝绸之路，就很难不提中国的茶叶输出。

福建省泉州市安溪县号称中国茶都，安溪铁观音名扬天下。安溪产茶始于唐末，明清时期走向鼎盛。清初，安溪的茶业迅速发展，相继发现了黄金桂、本山、佛手、毛蟹、梅占、大叶乌龙等一大批优良茶树的品种。

中国茶叶通过海上丝绸之路向西输至西亚和中东地区，向东输至朝鲜、日本。中国的茶叶由此走向世界并受到追捧，引领了各国茶文化的发展。可以说，海上丝绸之路不但是古代中国与世界各国交通贸易和文化交往的海上通道，也是一条中国茶文化输出通道。

21 世纪的海上丝绸之路

海上丝绸之路自秦汉时期开通以来，一直是沟通东西方经济文化交流的重要桥梁，见证了沿线各国人民通过海洋交流融通、互利合作的悠久历史。2013 年，"21 世纪海上丝绸之路"的战略构想应运而生。

共建"21 世纪海上丝绸之路"，是在新形势下致力于维护世界和平、促进共同发展的战略选择。它不仅有深厚的历史渊源，也具有坚实的现实基础，对促进海上丝绸之路沿线各国经济发展、文化交流有着重要价值。

永春溪边的文明传承

　　作为海上丝绸之路重要的起舶点，永春县文化底蕴深厚，历史遗迹众多。据统计，永春县现有非物质文化遗产 64 项。例如世界级非遗永春南音，国家级非遗永春纸织画、永春白鹤拳，省级非遗永春老醋、永春佛手茶、永春漆篮、永春香等制作技艺。

　　永春南音是集唱、奏于一体的表演艺术，是中国现存最古老的乐种之一。创作于隋末唐初、延续近千年的永春纸织画是用手工编织纸丝而成的朦胧艺术品，它除了保持中国画特具的品格之外，还多了一种"雾里看花"的朦胧之美，与杭州丝织画、苏州缂丝画、四川竹帘画并称为中国的"四大家织"。永春白鹤拳亦称"永春拳"，在全球 100 多个国家和地区设有拳馆和传人，习拳者更是遍布世界各地。永春佛手茶属乌龙茶中的名贵品种，十多次荣获中国农业博览会金奖。永春漆篮创于明正德年间，1801 年开始远销南洋各埠。

余光中的故里 "乡愁"

　　余光中是当代著名作家、诗人、学者、翻译家，祖籍就是泉州永春。余光中的作品涵盖了诗歌、散文、小说等多个领域，被誉为文坛的"璀璨五彩笔"。他的诗歌充满了想象力和哲理思考，常常以简洁而深刻的文字抒发情感和思想。他的散文作品则以细腻入微的观察和对人性的关怀而闻名，引人深思。

　　余光中作为一位挚爱祖国及中华传统文化的诗人，他的乡愁诗从内在情感上继承了我国古典诗歌中的民族感情传统，具有深厚的历史沧桑感与民族自豪感。从余光中的《洛阳桥》中可以感受到漂泊在外的游子对于故乡的思念之情。

洛阳桥
余光中

刺桐花开了多少个春天
东西塔对望究竟多少年
多少人走过了洛阳桥
多少船驶出了泉州湾

第六单元

〖 活水润福地 诗画敖江 〗

敖江发源于古田县东北部、鹫峰山脉东南麓的霍口溪谷地，流经宁德市古田县，福州市晋安区、连江县、罗源县，最终注入东海。敖江干流全长 137 千米，流域面积 2665 平方千米。

传说很久以前，敖江是一条汹涌澎湃的河流，因为江里有一条凶恶的蛟龙，经常兴风作浪。百姓悲戚地对天呼喊："苍天啊，请您怜悯连江的苍生，惩治这条该死的恶龙吧！"有一天，飞来了一只神奇的五彩凤凰。刹时，敖江浪峰陡起，浊浪排空，蛟龙张牙舞爪扑向凤凰。龙凤在敖江上空搏斗，凤凰最终杀死了蛟龙，但自己也耗尽精力，从此长眠敖江边。

为了保护敖江水系，流经的 4 个县（区）联手合作，共同推进水域治理工作，形成了跨区域生态文明建设的新格局。古田县开展了石材产业的全面整治，，并大力推进流域综合治理；罗源县设立了生态环境治理和"打非治违"两个攻坚指挥部，以统筹指挥全区的治理工作；连江县积极开展水源地规范化建设，并利用生物净化方式维护水生态环境安全；晋安区则通过与古田、连江、罗源三县检察院召开跨区域敖江生态环境保护协作座谈会的方式，加强了各县（区）之间的合作。

"百里画廊"霍童溪

　　流水涓涓、青绿如翡的霍童溪是宁德蕉城人民的母亲河,被誉为"福建第一水",素有"百里画廊"之美称。上游以峡谷为主,中下游以低山丘陵为主,流经的霍童镇至贵村一带是蕉城区最大的河谷冲积平原,其独特的峡谷、花岗岩高丘陵和河谷冲积平原地貌,造就了九曲十八弯二十七滩的美景。

洪口水库:环水而兴振乡村

　　霍童溪流域现有 10 个水利枢纽,其中洪口水库是一座以发电为主,兼顾下游防洪,并可为宁德地区供水提供条件的大型水库,位于蕉城区洪口乡境内霍童溪干流峡谷河段。洪口水库是宁德市发展绿色经济和实现能源转型的最重要依靠和保障,通过生态旅游带动了库周乡村振兴。良好的水环境为鸳鸯、猕猴提供了优质生境,是人与自然和谐共生之路的探索,更是在发展中保护、在保护中发展,共建人水和谐美丽家园的生动缩影。

黄鞠灌溉工程：人水和谐利千秋

古往今来，宁德人充分发挥聪明才智，为水利事业积累了宝贵经验。霍童的黄鞠灌溉工程就是其中的杰出代表。黄鞠是隋代的一位谏议大夫，他在霍童主持兴建的灌溉工程至今已有1400多年历史，是迄今发现的系统最完备、技术水平最高的隋代灌溉工程遗址，直到今天扔在发挥效益。

黄鞠灌溉工程建设前，霍童溪两岸一片荒芜，南岸土地虽宜耕种，但因山峦阻挡，咫尺相隔的溪水无法直接引入灌溉，当地人民生活极其困难。为给子孙后代创造出更好的耕种条件，黄鞠决定在霍童溪上建长坝壅水，右岸凿龙腰渠，左岸凿琵琶洞穿山引水。

工程艰巨，黄鞠率子女、乡众一干就是数十年。工程建成后，两岸渠系长达15千米，每个系统都由完备的干支斗农渠、调蓄陂池和农田组成，可灌溉农田2万余亩。黄鞠灌溉工程是一套精密完备的集农业灌溉、生活供水等功能于一体的供水系统，其布局充分体现了人水和谐的理念。2017年，黄鞠灌溉工程入选第四批世界灌溉工程遗产名录。

水韵九都：碧水长流幸福源

　　溪水荡漾，水声潺潺，宁德市蕉城区水韵九都水利风景区以霍童溪为中轴，包括扶摇村、九仙村、云气村、贵村、洋岸坂村、九都村、乌坑村、溪边村，总面积 53 平方千米。这里的水婉约灵秀，自然、原生态成就了一个物华天宝的世外桃园，令人流连忘返。

　　贵村景观区是水韵九都水利风景区的重要组成部分，秀美的霍童溪宛若一条飘逸腰带蜿蜒其间，牵连起若隐若现的茶香，这里的特色民居和明清古屋承载着历史记忆，在枝繁叶茂的古树荫蔽下错落有致。贵村以"水韵故居"为主题，依托古渡口、古民居、古榕树群、房车营地等景点，大力推动具有乡土风情、蕴含当地特色的旅游文化产业发展，让霍童溪充分释放生态红利，使一个贫困的村落发展成一个朝气蓬勃、欣欣向荣的美丽乡村。贵村荣获"国家级传统村落""省级特色旅游名镇名村"等称号，成为"绿水青山就是金山银山"的生动写照。

霍童溪浸润了闽东文脉，"石头诗"是云气村最为独特的历史文化景观。云气村乌猪滩的大青石上留下了孙中山秘书黄树荣以及闽东才子郑宗霖、陈文翰等的优美诗文，百余年来静静地躺在河滩上，浪漫而隽永。云气村借此打造"云气诗滩"，先后举办了"青春回眸·宁德诗会"和"云气诗滩"森林音乐会等活动，邀请诗人、作家、音乐家等共聚一堂，用秀美水色托起文采诗韵。"云气诗滩"也被中国诗刊社授予"中国第一诗滩"美称。

霍童溪万里安全生态水系

针对霍童溪水流不畅、滩地破坏、防洪堤硬质景观、沿河两岸亲水性不足等问题，宁德于2015年实施霍童溪万里安全生态水系试点项目，通过划定岸线蓝线、滩地保护、水系连通、生态护岸、美丽乡村建设等措施，实现综合治理，达到"河畅、水清、岸绿、安全、生态"的目标。

八都水际过鱼：水电站生态改造

宁德布蕉城区的八都水际发电站位于霍童溪下游，经多年运行，取得了良好的社会效益。

2004年年底，为抢救霍童溪濒危鱼种鲥鱼，在水际拦河坝建过鱼通道，设计宽度10米，2005年1月建成。这是福建省第一个过鱼设施，打通了霍童溪洄游性鱼类的洄游通道。从此，七丝鲚、凤鲚、香鱼等鱼类可以洄游到洪口坝下。

山清水秀九鲤溪

　　九鲤溪又名赤溪，发源于福建宁德市福鼎市太姥山、霞浦目海尖和柘荣东山埂三座大高山，溪流弯曲，两岸青山夹峙，绿树葱茏，怪石林立，碧水澄澈。

　　溪流时缓时急。平缓处，如闲庭信步，悠然自得；湍急处，飞筏似箭，有惊无险。到了下坪洋，水面宽达 100 多米，水流平稳，溪河开阔，可容数十竹筏并排竞渡，并驾齐驱。九鲤溪两岸有两片面积为 250 亩的天然枫树林，林边河滩上夹有荻花滩。每年秋末冬初，枫林尽染，红遍山峦，而荻花则一片雪白，别有情趣。在两片枫树林的间隔地带，有 17 株树龄为 150 ~ 800 年不等的古榕树，虽历经沧桑，仍生机盎然，天空枝叶交错，地面虬根盘绕，如孔雀开屏，似青龙探江，各显姿态。

　　继 2011 年出现桃花水母后，时隔 1 年，九鲤溪景区再次出现大量桃花水母。桃花水母被称为"水生物的活化石"，由于对生存环境有着极高的要求，活体极其罕见，它们的出现也印证了九鲤溪水质的优异。

"山里的客人"

畲族是中国人口较少的少数民族之一，90% 以上居住在福建、浙江的广大山区，他们自称"山哈"，意即居住在山里的客人。宁德市蕉城区是全国畲族主要聚居地之一，有 2 万多畲族群众在此工作生活，繁衍生息。

历史上畲族人民辗转迁徙，物质生活尤为简朴。他们"结庐山谷，诛茅为瓦，编竹为篱，伐荻为户牖"，聚族而居。一般住茅草房和木结构瓦房。随着畲族人民生活水平的改善，修小楼房的人家越来越多。火笼、火塘是畲族人民家庭生活必备的。由于山区气候寒冷，严冬腊月，一家人都围坐在火塘边烤火取暖。畲族山区水田少、旱地多，水稻种植较少，杂粮较多。他们普遍以地瓜米掺上稻米为主食，纯米饭只是宴请贵宾时才用，喜食虾皮、海带、豆腐等。尤喜饮"米酒"和"麦酒"。

畲族有自己的语言，在千年变迁中，畲族为中华文化史留下了美丽的篇章，在众多现代保留的史书、建筑、文艺、人文风俗、科学等历史资料中，仍然可以看到畲族灿烂文化的印迹。

寿宁下党桥

下党桥是宁德市寿宁县木拱廊桥中最为壮观的一座，位于寿宁下党乡下党村南，清嘉庆五年造，也称鸾峰桥。

下党桥是全国单拱跨最长的贯木拱廊桥，单孔跨度 37.6 米，超过了曾被学术界认为是中国古建筑中净跨最大的石拱赵州桥 0.7 米，堪称中国虹桥之最，从桥下去看那底部巨大的长木条，才真正感受到这木拱跨度有多么惊人——那么长的木条，中间完全没有桥墩等任何支撑点。

自古宁德产好茶

自古以来，宁德产好茶，多名茶。坦洋工夫红茶曾两次获得巴拿马国际博览会金奖，曾是英国王室专供茶。福鼎白茶素有"世界白茶在中国，中国白茶在福鼎"的美誉。

坦洋工夫红茶有着悠久的历史。明洪武四年（1371 年）宁德福安坦洋村人发现了野生的菜茶，便将它种植于菜园四周，称为"坦洋菜茶"。清咸丰元年（1851 年），当地人以"坦洋菜茶"为原料，研制出福建三大工夫红茶之首的坦洋工夫红茶。自清光绪六年（1880 年）至民国二十五年（1936 年）的 50 余年，坦洋工夫红茶每年出口均上万担（1 担等于 100 斤），运销荷兰、英国、日本、东南亚等 20 余个国家和地区。

福鼎白茶是宁德市福鼎市特产，原产于太姥山，它的起源，有一个美丽的传说。据说很久以前，太姥山周围的儿童中流行麻疹，疾病夺去了一个又一个鲜活的生命。山下有一农妇名叫蓝姑，她采茶制成茶叶，送到每一个山村，教村民泡茶治疗麻疹，最终战胜了麻疹疫情。福鼎白茶制作中不炒不揉，采用特殊工艺制作而成，外形芽毫完整，汤色杏黄清澈，滋味清淡、清甜爽口。

赤溪村：清新山水的致富之路

宁德福鼎市的赤溪村被称为"中国扶贫第一村"，坐落于太姥山风景区脚下，是远近闻名的畲族行政村。九鲤溪和下山溪绕村而过，山川溪瀑景观奇特，生态环境优美。

然而，30多年前，这里却集"老、少、边、穷"于一体，280多户村民分散居住在14个"五不通"的偏远自然村，日子过得极端贫困和艰难。后来赤溪村大力实施脱贫致富工程，因地制宜发展科学种植、养殖、乡村旅游等特色产业，实现了从穷山村到美丽富裕村的巨变。

在推动乡村旅游发展过程中，赤溪村以"河畅、水清、岸绿、安全、生态"为目标，从水安全、水生态、水环境、水经济等方面，着力抓好安全生态水系建设，将生态环境与村庄建设、农民脱贫致富等相结合，在清新山水中走出了生态旅游致富之路。

赤溪村充分发挥生态水系资源禀赋，开发了竹筏漂流、皮筏艇漂流、天然泳池等旅游项目，将生态优势变成了发展优势。如今，赤溪村每天都能看到来自各地的游客，他们三五成群，纵情山水，为大山深处的赤溪村带来了人气与活力。从藏在深闺的畲村，到乡村旅游胜地，赤溪村村民看在眼里，喜在心头。

第七单元

《安全生态水系 一直在路上》

闽江

南平

浦城县柘溪
安全生态水系建设项目（三期）

　　该项目位于南平市浦城县仙阳镇，项目建设河长 9.0 千米，涉及仙阳镇下洋村、巽源村和仙阳村。项目以河长制为管理依托，规范各类涉水建设活动，防止新的乱占、乱挖、乱建等现象出现，并定期开展河道健康评估，及时发现河流水系存在的问题，并提出相应的保护方案。项目坚持节约优先、保护优先、自然修复为主的方针，形成节约资源和保护环境的空间格局、产业结构和生活方式，还自然以宁静、和谐、美丽。

三明

大田县均溪河
安全生态水系建设项目（一期）

　　该项目位于大田县均溪镇城关，涉及均溪、周田溪、东坂溪，全长 10491 米。项目有效预防和解决了河道淤积、部分河道渠化以及局部河道无护岸设施等问题。项目采取的改善河水、改良河床、保护恢复河滩、修复河岸等措施，对改善水环境、维护水资源生态平衡、优化周边人居环境、实现人与自然和谐相处有重要意义。除传统工程措施外，该项目在城关段还铺设了生态毯，在生态毯上部搭接槽处种植了水生植物。生态毯可保护河岸堤坝免受雨水、河水冲刷，可提高水质，还可改善水生态和提供水体景观。

建宁县水系连通及美丽乡村建设项目

该项目位于三明市建宁县，境内河湖相挽、溪流交错，闽江就从这里发端。随着经济社会发展，原先古老的水系生态已难以满足人们的生产生活需要。2020年5月，建宁入选全国首批水系连通及水美乡村建设试点县。当地以此为契机，对全域水环境进行综合治理提升，恢复河道生态，改善人居环境，也带动了乡村振兴。

建宁县邀请专业设计团队对全县5条主干河道系统梳理、全面勘察后，制定了治理方案，实施水系连通、河道清障、清淤疏浚、岸坡整治、截污控污和亲水等工程。在杨林溪，经过疏浚的河道畅通了，河流空间形态得到修复，行洪排涝功能明显改善，农村水环境质量显著提升。结合水系治理，当地开展高标准农田建设，一块块田地旱能灌、涝能排，渠相通、路相连。一条水系，连通了沿岸好生态，也通向了村民的幸福生活。

将乐县大源乡安福口溪
安全生态水系建设项目

该项目地处三明市将乐县大源乡，综合治理河长10.31千米，所涉及河段为安福口溪干流大源段及其支流肖坊溪、西田溪，涉及大源、肖坊、西田三个行政村。项目完工后，河道基本达到防洪排涝要求，河段生态系统基本得到修复。河道水流顺畅，河水、河岸和河床更加符合自然、稳定和渐变态势。沿河动植物更加丰富多样，基本实现了"河畅、水清、岸绿、景美、安全、生态"的目标。项目还建成了大源乡亲水体验带，为群众打造了亲水平台和休憩亭廊。

宁化县水茜镇水茜溪
安全生态水系建设项目

该项目位于宁化县水茜镇境内，所在河流为水茜溪。上游起点位于下洋村的陈家坊，下游终点为沿口村的茶园登，综合治理河长8.10千米。项目实施前，项目区河道缺乏有效管理；沿河两岸景观能满足野趣、乡愁，但稍显杂乱；部分堤防护岸较硬质，亲水性不足，植被覆盖率一般，两岸景观效果较差；局部河段河道淤积；局部河岸存在坍塌情况等。项目实施后，提高了行洪及抗冲刷能力，保护了两岸农田，提升了亲水性与生态性，为周边群众提供茶余饭后的娱乐休闲场所。栈道还成为当地群众散步观赏的休闲步道和亲水平台。

沙县东溪（洋邦村至夏茂段）安全生态水系建设项目

该项目建设长度为18千米，其中俞邦至夏茂镇区为核心治理段，长度约3千米。项目建设主要内容为生态护岸、生态巡查步道以及生态亲水节点等。生态护岸主要用于保护两侧农田不被冲刷，主要采取护脚加护坡的型式。防护标准为2年一遇，结合现场条件，共布置了11段护岸，长度为2.2千米；滚水坝2座、过河汀步1座；生态巡查步道结合护岸以及现有机耕道布置，长度为2.4千米，步道宽度为2千米；生态亲水节点包括俞邦滨水花田、镇区康体休闲公园、小吃文化广场、红色文化园等4个节点，总面积约7.6万平方米。工程将夏茂溪打造为生态亲水河流，为群众提供了亲水平台和休憩场所。

泰宁县大田乡大田溪安全生态水系建设项目

该项目综合治理金溪支流大田溪和大田溪支流料坊溪，河长10.02千米，其中大田溪干流范围从上田村下直排水坝至谙下大桥下游550米处，料坊溪支流范围从料坊桥至汇合口。大田溪河道水质良好，但硬质护岸，观光差，沿河生态差，料坊溪支流因电站引水发电存在脱水河段，影响水生态。项目实施后，通过河床改良、河岸修复、生态护岸新建，提升大田溪防洪排涝能力。另外，柔化硬质护岸，修复河滩和生态保护区，划定岸线蓝线，提升了水质。项目与景观建设结合，新建亲水步道、漫步道、亲水平台、亲水景观，打造了滨水休闲公园，增强了人民群众的幸福感、获得感。

福州

永泰县梧桐镇大樟溪（圻演村至白杜村段）安全生态水系建设项目

该项目全长 10.55 千米，坚持保护优先、以自然修复为主，结合生物和工程措施，通过拓宽改造河岸道路、清淤、改建交通桥、生态调度设施等方式，重新塑造河道岸线，创造多样性生物栖息地，实现河流生态修复，为生物提供多样性生境，使河流重现生机。在项目区域内建设生态保护区、滨水休闲区和生态提升区，形成"一廊、三区、二节点"的建设总体布局，展示大樟溪河道的自然生态美景。项目采用 EPC 建设模式，由设计单位负责设计工作，实施过程严格遵循基本建设程序。项目实施后，生态水系与河长制相结合，取得了良好效果，提升了河道管理能力，改善了水生态和水环境。同时推动了旅游康养发展，结合水利文化，打造了"生态休闲区"和水利文化休闲场所，为地方发展提供了引导作用。

闽侯县洋里乡洋里溪安全生态水系建设项目

该项目涉及闽江下游二级支流洋里溪，治理河长 10.18 千米，较好地改善了洋里溪水质，提高了水生态功能，展示了山区农村河道的自然生态美景，为未来洋里乡农业、工业、旅游业发展提供了广阔前景。同时，该项目注重"创造性保护"，既调配了地域内有限的资源，又保护了河流生态系统的完整性、连通性和稳定性，为生物提供了较为丰富的栖息环境。

福清市虎溪安全生态水系建设项目

该项目起于虎狮桥，终至上东山，整治河长 8.46 千米。项目秉承"人水和谐"的生态治水理念，因地制宜建设了生态缓冲带、湿地公园、梯级强化表流湿地等，修复了河岸生态，改善了河段水质，打造了生态亲水系统，促进了生物多样性保护，成为集"行洪空间、景观用水、生态绿地、亲水休闲"于一体的沿江绿色生态走廊。

晋安湖是福州晋安东区水系的中心，除了商务城市中心，它还形成了两个生态网：一个是和牛岗山公园、鹤林生态公园共同形成大海绵体公园；一个是和晋安河、凤坂河、光明港形成连通水网。

平时，晋安湖湖体保持 4.5 米左右的景观水位，并通过一岛一管三站五闸综合调度，实现多目标调蓄功能。作为海绵城市建设的示范项目，晋安湖公园综合运用"渗、滞、蓄、净、用、排"的技术方法，因地制宜地设置下凹式绿地、雨水花园、植草沟等海绵设施，将水系治理和生态修复有机结合。此外，晋安湖公园建设了平湖揽月、曲港汇芳、湖城胜景等 12 景，并根据公园不同区域的条件，种植了 300 多种植物，打造不同特色的植物群落景观。

晋安湖公园还引入智慧公园理念，建设智慧步道，在智慧步道上跑步可以自动识别运动姿态，协助矫正。同时，公园旁规划建设配套的健身场馆、篮球场、足球场等活动场所，以及自由开放的大型草地，满足了市民各类日常健身休闲需求。

木兰溪

莆田

┃ 莆田市荔城区企溪
┃ 安全生态水系试点项目

该项目包括企溪及其支流后卓溪、汀林溪、吴江沟、企溪吴江连通沟，总长 15 千米。项目位于莆田市规划的城市绿心，水功能区定位为景观、工农业用水。虽然岸绿状况良好，但整体水质、河畅、生态等方面存在问题，垃圾乱堆放、污水排放入溪严重。项目的目标是在保障安全的前提下，提升河流生态水平，构建城市生态绿心，实现"河畅、水清、岸绿、安全、生态"五大目标。项目建成后，城区防洪标准由 2 ~ 5 年一遇提高到 50 年一遇，水质达标率提高到 90% 以上。河道生态环境得到显著改善，水中生物多样性逐渐恢复，河滩地成为休闲胜地。项目区荔枝成片，增强了荔林水乡特色。

湄洲岛水系连通及农村水系综合整治试点项目

2020 年，湄洲岛入选全国首批 55 个水系连通及农村水系综合整治试点县名单。该项目以河流为脉络，以村庄为节点，因河施策，构建"一轴、一心、三环、五脉"总体布局。一轴，即建设贯穿全岛南北 8.02 千米长的生态补水管线，为 15 处河湖补水；一心，即提升湖石渌水质；三环，构筑下白石、港楼、下山三个片区水循环流动区域；五脉，集中连片推进 26 条河渠、23 座湖塘整治，涉及祖庙文旅、城镇宜居、湖石渌、金沙滩、宝澜街五条水脉，综合整治河道总长 15.11 千米。

水系连通工程带来的不仅仅是河畅水清，还有人与自然和谐共生的乡村生态文化、文旅产业的蓬勃发展。通过建设景观节点、生态保水堰、亲水平台，河道水质得到显著提升，景观内涵更加丰富，村容村貌焕然一新。这一切，为湄洲岛全域旅游发展注入了强劲动力，如同春风拂过，使得这片土地上的每一处景观都映射着美丽乡村的未来憧憬。

秀屿区土海与笏石溪连通工程

莆田土海湿地公园是福建省面积最大的生态湿地公园，承担着秀屿城区排涝调洪区的功能。笏石镇笏石溪、顶社河、坝边河、岭美溪 4 条河道汇聚于此，长年累月未经清淤，河道堵塞与侵占问题严峻，对土海水系造成了直接影响。为了从根本上改善土海及其周边水系的生态环境，笏石镇启动了土海与笏石溪连通工程。

秀屿区按照"防洪排涝、截污治污、生态景观"三位一体的综合治水理念，通过实施截污治污、人工湿地、清淤疏浚、步道景观、桥梁和水利等六大工程，提高了土海及笏石溪蓄泄能力，改善了土海水体流动性，消除了水体黑臭，逐步恢复了土海水系生态系统完整性，将土海打造成集休闲旅游、医疗养生、科学研究、文化教育等多功能为一体的特色生态湿地公园。

汀江

龙岩

上杭县古田镇古田溪
安全生态水系建设项目

　　该项目治理河长 8.34 千米，新建生态护岸 2383 米、亲水步道 2119 米、生态公园 4468 平方米、生态缓冲带绿化 17028 平方米，护岸加固 130 米，打造了"水流自然、水质良好、生态环境宜居"的乡村郊野生态水系工程。

武平县桃溪镇桃澜溪小兰段
安全生态水系建设项目

　　该项目治理河长 8.1 千米，新建生态护岸 569 米、水上栈道 130 米、亲水公园 2 座、亲水平台 3 处、鱼鳞滚水坝 1 座，改造亲水步道 1793 米……将桃澜溪流域打造成一条生态滨水"水美乡村·梦里桃花溪"景观带。

**长汀县濯田河
安全生态水系建设项目**

该项目位于长汀县汀江干流及支流濯田河，治理河长 25 千米。结合濯田河自然弯曲之美，以及支流拥有泛洪漫滩等特点，项目以"安全、生态、古城与农村河道之美"为主题，采取改善河水、治理河道、建设亲水平台、划定管理岸线及生态蓝线等措施，实现了"河畅、水清、岸绿、生态、安全"目标。

九龙江

龙岩

漳平市九龙江北溪干流城区段安全生态水系建设项目

该项目起于溪仔口电站，止于芦芝大桥，全长 13.01 千米，2017 年批复实施。项目注重上中游江心洲、滩地的保护，强调源头保护，严格控制垃圾、污水输入，通过清淤、修筑生态护岸、建设沿河步道、生物塘治理等措施，恢复河段内生态系统，使水量更充足、水流更自然、水质更良好。构建了河岸稳定、水量充足、水流自然、水质良好、生物多样的水系。项目完工后，城区上游河段修复 30 米，城区生态提升段新建亲水绿道总长 1300 米，新建生态公园 1159 平方米，硬质挡墙柔化 1298 米。城区下游生态恢复段新建亲水绿道总长 1480 米，硬质挡墙柔化 1438 米。亲水栈道、生态步道与漳平城区"一江两岸"布置相衔接，与漳平榉子州公园生态休闲景观相融合。通过项目治理，有效改善了河流水质，提升了当地人居环境。

**龙岩市新罗区雁石溪苏坂镇红邦段
安全生态水系建设项目**

该项目治理河长 8.45 千米，新建生态护岸 826 米、生态巡查步道 826 米、景观节点 1 处。项目建成后，一条条河道完成了美丽蝶变，河畅水清成为新罗区城市生态品质提升、美丽宜居的最佳见证。

漳州市长泰区龙津溪支流
径仑溪安全生态水系建设项目

　　该项目位于长泰区枋洋镇内龙津溪支流径仑溪，治理河长 8.11 千米。项目实施后，提高了河流行洪能力，改善了河流生态，还结合当地特色产业光鱼养殖，打造了"鱼塘景秀"。

东山县前楼镇
安全生态水系建设项目

　　该项目位于东英溪，治理河长 7.14 千米，实施了生态护岸、亲水步道、亲水节点建设，以及生态清杂、已建河段提升等工作。项目建成后，水生态环境得到恢复，防洪安全体系得到完善，居民生产生活质量大大提升，实现了人与自然和谐共处。

漳州市龙海区九湖镇程溪
生态水系建设项目（九湖段）

该项目综合整治河长 11.1 千米，核心为"一轴、两区、三节点"。"一轴"即以程溪溪干流为主的沿溪绿轴，"两区"为九湖画卷区和绿野长滩区，"三节点"为位于和尚桥的桥头入口节点、位于林前桥河段的泼水游乐节点以及位于林前村伽蓝王庙周边的伽蓝王文化节点。项目从改善河水、改良河床、恢复河滩、修复河岸、修建亲水设施、建后管理等六个方面出发进行生态修复，使河道形成自成一格的自然生态水系，为当地居民提供了滨水休闲空间，打造了水融生活、归园田居环境。

漳浦县马坪镇佛昙溪
安全生态水系建设项目

该项目涉及佛昙溪流域，起源于漳浦县赤岭乡杨美村，流经马坪镇、佛昙镇，最终入海于佛昙湾，治理河长 12.27 千米，提高了河道防洪能力，增强了沿岸亲水性，确保了 10 年一遇洪水时河道稳定。同时，通过归国华侨园、种德堂、林埭古厝落、中共县委旧址旁亲水等节点建设，充分挖掘了佛昙溪水文化，为居民提供了水域景观和休闲空间，增强了沿岸人文景观协调性。

厦门

许溪（李林水闸至军民团结桥段）
安全生态水系建设工程

该项目全长 4.8 千米，包括道路拓宽改造、河段清淤、交通桥改建、生态调度设施建设等工程。在保留原有植物的基础上，沿河岸新建了亲水平台，种植了水生植物、草皮、灌木和乔木，形成了立体植物带，保护和修复了河流两岸的生态，创造了湖泊水面湿地景观，提升了溪流景观效果。工程特色在于将流域治理与乡村振兴相结合，打造了"溪林生态示范动线"，通过净化湿地和安全生态水系，串联了上游的田李溪、东李溪和下游的后溪到杏林湾。工程完工后，居民可在家门口享受碧水廊道和郊野公园的休闲环境。此外，在许溪安全生态水系下庄鱼鳞闸节点打造的"集美区水情教育阵地"成效显著。

晋江

泉州

▎德化县涌溪葛坑段安全生态水系建设项目

　　该项目涉及涌溪及葛玲溪，治理总长 9.25 千米，涵盖葛坑、湖头、下玲等行政村。项目核心思路为"一廊、三段、三潭、四大节点"。一廊指自然生态河流，即构建绿色廊道，还原生态河流。三段包括镇区滨水休闲段、山川生态提升段、宗教文化体验段。三潭分别为香潭环翠、墨池浮绿、潭深印月。四大节点包括葛坑香岸、水利山体公园、下玲梯田及香林寺。项目遵循尊重自然、保护优先的原则，通过清淤清障、生态护岸等手段，实现河道清水长流。融入地域文化，新建亲水步道、栈道、生态护岸、亲水平台等，以水系为脉络，展现葛坑镇的特色。

南安市水系连通及水美乡村建设项目

南安市依托"一湾四廊"的总体布局，实施"河流复苏"计划，旨在建设安全、生态、美丽及人文并重的农村水系。项目以河流水系为脉络，以村庄为节点，综合治理水域岸线，通过 13 个子项目的整治，建立 12 条主要河流的管理档案，实现对县域内所有农村水系的全面治理。此外，项目还通过连接郑成功遗址、五里桥、水头港等历史地标，增强地区文化内涵，促进水系与乡愁的融合。

水畅则清，流水不腐。南安市水系连通带来了自然景观的一次华丽转身，昔日杂草丛生、垃圾遍地、河道淤积、河水断流、水体黑臭的景象都成了过往云烟，白鹭等候鸟纷纷归巢于此，河流亦重拾勃勃生机。村民们在此漫步休闲，享受着自然的馈赠，幸福感、获得感显著提升。2022 年 6 月，南安市获评全国首批水系连通及水美乡村建设试点县优秀等级。

安溪县桃舟乡桃舟溪 安全生态水系建设项目

该项目位于晋江西溪的上游河道桃舟溪，起自晋江源桥，止于南山桥，治理河长 11.27 公里。项目提升了桃舟溪沿岸景观，拓宽了滨水休闲空间，完善了慢道系统，打造了晋江源水文化沿途景观节点，建成了一条朝圣晋江源的乡水景观带、一条集生态和安全于一体的河道、一条便捷畅行的绿色通道、一条串联晋江源文化与乡村生活的生态廊道，带动了当地旅游产业的发展，为桃舟乡乡村振兴事业提供了重要支撑。

敖江

宁德

▌福鼎市太姥山镇生态水系建设项目

　　该项目综合治理河长 10.1 千米，包括洋里溪和长章溪，涵盖新建生态护岸、柔化硬质护岸、巡查步道、生态提亮、生态缓冲带等工程。项目充分贯彻"生态治河"理念，将河道整治与宜居环境、旅游景观、美丽乡村相结合，解决了溪流对村庄、农田的威胁，改善了灌溉问题。此外，项目还建设了鱼鳞坝、漫步道、水文化和茶文化景观节点等，提升了太姥山镇水利景观风貌。太姥山镇以 5A 级风景区太姥山而著称，吸引游客。洋里溪生态水系项目建成后，成为小城镇的"街心公园"，为居民和游客提供休闲娱乐亲水平台。项目助力太姥山镇进一步发展旅游产业，成为经济增长的"绿色引擎"。

福鼎东南沿海河库
水系连通项目

　　该项目是福鼎市水资源配置南片输水线路的重要组成部分，也是闽东大水网的重要组成部分。2023年2月15日，福鼎市东南沿海河库水系连通工程隧洞全线贯通，标志着福鼎城乡供水一体化的引调水工程取得阶段性进展。项目涵盖输水隧洞、管道埋设等工程，新建输水线路23.73千米。项目建成后，日供水可达20万吨，实现南溪水库与桑园水库的互连互通，提高水系的流动性、连通性，增强水资源调配的机动性，优化水资源配置，可有效解决缺水地区水资源供需矛盾，保障城乡供水安全、粮食安全和生态安全。

福安市穆阳镇安全生态水系建设项目

　　该项目是福安市第一个投资规模超亿元的水生态治理工程，起于穆阳镇苏堤桥，止于康厝乡梧溪村，全长11公里。项目以"清新穆阳溪、醉美桃花源"为主题，统筹防洪安全、生态修复和景观打造，重塑江心洲3个，修复古码头、古渡口7个，建成生态亲水公园6个，新建园路和步道9公里，修复恢复河滩河床6万多平方米，打造了生态夜景工程，建成了水幕灯光秀。如今，穆阳溪沿岸的人居环境越来越好，逐渐成为生态旅游的热门目的地。

后记

　　福建省"八山一水一分田"的山川地理格局，在这片与山海相连的壮阔天地中造就了众多的溪流。溪流归心，终成江河之势，汇入浩荡的大海。

　　一条条溪流就是八闽大地的千言万语：这里的水，是灵动的，是和谐的，是富有深厚人文色彩的。《不止万里：福建安全生态水系建设》这本书的主题便是福建绵延千年的水文化，其着眼点是早已流淌在中华优秀文化血脉中的水之精神。

　　上善若水，厚德载物。"十三五"以来，福建省各地根据河流状况，因地制宜，一河一策，统筹涉河涉水资金，以生态理念，系统方法，陆续建成安全生态水系 6971 千米。

　　河畅、水清、岸绿、景美、安全、生态及人水和谐的安全生态水系项目，持续改善了乡村环境，境内区域的人民群众，切实感受到项目所带来的成效。

　　水润万物而无声，水净万物而不染，水生万物而不争。

　　河清海晏的时代，福建以治水实践为核心，努力推动水文化的精神建设。潺潺流水，勾勒出锦绣壮美的八闽大地；襟江带湖，连接起人水和谐的幸福图景。

　　近年来，打造幸福河湖是习近平总书记亲自倡导、亲自擘画、亲自推动的。幸福河湖建设事关水利发展大局、社会经济安全、群众切身利益。只有清水长流，方可润泽民生。

　　不忘初心，砥砺前行。八闽水系，终将成为造福人民的幸福河湖。